U0606332

茶知识 108问

今天您喝茶了吗

中国茶叶学会/编

首批全国优秀出版社

中国农业出版社
农村读物出版社

图书在版编目（CIP）数据

茶知识108问/中国茶叶学会编. — 北京：中国农业出版社，2020.5（2025.1重印）
ISBN 978 - 7 - 109 - 26679 - 7

Ⅰ.①茶… Ⅱ.①中… Ⅲ.①茶叶 — 问题解答 Ⅳ.①TS272.5-44

中国版本图书馆CIP数据核字（2020）第041645号

茶知识108问

CHA ZHISHI 108 WEN

中国农业出版社出版
地址：北京市朝阳区麦子店街18号楼
邮编：100125
责任编辑：李　梅
策划编辑：李　梅
版式设计：水长流文化　　责任校对：吴丽婷
印刷：北京中科印刷有限公司
版次：2020年5月第1版
印次：2025年1月北京第7次印刷
发行：新华书店北京发行所
开本：889mm×1194mm　1/64
印张：1
字数：25千字
定价：9.80元

前 言

　　为倡导"茶为国饮"，普及茶知识，弘扬茶文化，营造"知茶、爱茶、饮茶"的氛围，弘扬"廉、美、和、敬"的中国茶德思想，2005年，由中国茶叶学会等8家在杭州的国字号茶叶机构提出"全民饮茶日"倡议，中国茶叶学会自2009年起每年在全国范围发起"全民饮茶日"活动，已成功举办11届。目前，"全民饮茶日"活动已成为全国参与人数最多、活动范围最广、影响力最大的茶事活动之一。

　　为配合活动顺利开展，自2015年起，我会组建专家小组，每年编印一册《茶知识100问》科普口袋书，至今已累计赠送50余万册，为推广普及科学茶知识尽一份微薄之力。

　　本书在提取前5册精华内容的基础上，从茶之源、茶之造、茶之饮、茶之益、茶之藏等五个方面，以问答的形式、通俗简约的语言，解答大众关切的108个茶科普问题。

　　本书从问题设置到成稿，经专家作者反复推敲和修订。

　　特别感谢刘祖生老师、周智修老师、屠幼英老师提供书稿部分内容，以及中国茶叶学会青年工作委员会每年为书稿增补新材料。

　　由于时间仓促，书中难免存在错漏和不妥之处，恳请同行专家和各界读者批评指正。

中国茶叶学会

2020年2月

茶之源

茶之造

茶之益

茶之藏

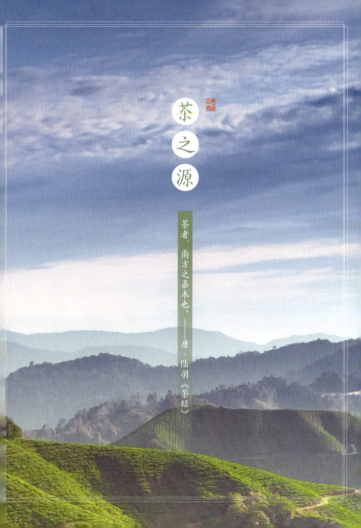

茶之源

茶者，南方之嘉木也。

——唐·陆羽《茶经》

1. 什么是茶树?

茶树是中国重要的经济作物,属于常绿木本植物,茶叶边缘有锯齿,叶脉多为7~10对,为网状脉,即叶片主脉明显,侧脉呈≥45°角伸展至叶缘2/3的部位,向上弯曲与上方侧脉相连接,构成网状系统,这是茶树叶片的一个鉴别特征。茶树花一般为白色,种子有硬壳。茶树在植物分类系统中属于被子植物门,双子叶植物纲,山茶目,山茶科,山茶属。1753年,瑞典植物学家林奈(Carl von Linné)把茶树定名为*Thea sinensis*,意为原产于中国的茶树,后又改为*Camellia sinensis*。后确定了茶树的学名为:*Camellia sinensis* (L.) O.Kuntze,沿用至今。茶树的芽叶和嫩梢经加工后就成了茶叶。

茶叶的网状叶脉

2. 茶树有哪些类型?

依树型分,茶树有乔木型(主干明显,植株高大)、小乔木型(基部主干明显,植株较高大)和灌木型(无主干,植株矮小)三个类型;依叶片大小分,茶树有特大叶型(叶面积≥60 cm²)、大叶型(40 cm²≤叶面积<60 cm²)、中叶型(20 cm²≤叶面积<40 cm²)和小叶型(叶面积<20 cm²)四类。

3. 我国有哪些地方发现了野生大茶树？

我国发现野生大茶树的地方很多。除云南的西双版纳和普洱地区发现有树龄千年以上的野生大茶树外，云南的昭通、金平、师宗、澜沧、镇康、贵州的赤水、道真、桐梓、普白、习水、四川的宜宾、古蔺、崇庆、大邑、广西的凤凰、巴平及湖南的城步、汝城等地，均发现有高7～26米的野生大茶树。

4. 为什么说中国是茶的故乡？

我国丰富的茶叶史料和现代生物科学技术的鉴定结果，都证明中国是茶的故乡。①我国有最早的关于茶的历史史料记载，如公元前的《诗经》和《尔雅》已有关于茶的记述；汉阳陵出土了全世界最早的茶叶样本，距今已有2100余年；到公元758年左右，唐代陆羽《茶经》更明确记载："茶者，南方之嘉木也，一尺、二尺乃至数十尺，其巴山峡川有两人合抱者。"②我国西南的云贵高原是茶树的起源中心，那里有得天独厚、适于茶树繁衍的自然条件，云贵高原至今尚留存许多古老的野生大茶树；③各种语言中"茶"的读音，都是我国茶字的译音。

另外，茶树原产于中国，传播于世界。当今传布于世界五大洲的茶种、种茶技术、制茶方法、品茶艺术以及茶的文化等，都起源于中国。因此说中国是茶的故乡。

5. 为什么说茶树的原产地是我国西南地区，有何依据？

　　我国西南的云贵高原，是茶树原产地。其依据是：第一，茶在植物学分类中属于山茶科山茶属，而世界上的山茶科植物主要集中在我国西南地区的云贵高原。山茶科植物共23属380多种，我国西南地区至今已发现15属260多种。近现代在云南、贵州、四川等地考察发现有大量的野生大茶树分布。第二，目前云贵高原保存有世界上数量最多、树型最大的野生大茶树，这也说明茶树原产于我国西南。第三，根据古地理古气候资料分析，云贵高原部分地区没有受到地壳动态变化的影响，避免了第四纪冰川运动对某些树种的毁灭，被保留下来的古老树种特别多，水杉、银杉、银杏、爪哇紫树、爪哇苦木等被称为"孑遗植物"的第三纪树种。作为热带雨林气候区生长的茶树，亦只有在云贵高原未受到第四纪冰川覆灭的生态环境下，才能生存和繁衍。

6. 中国现代茶区是如何划分的？

　　中国现代茶区的划分是以自然生态气候条件、产茶历史、茶树类型、品种分布和茶类结构为依据，划分为4大茶区，即华南茶区、西南茶区、江南茶区和江北茶区。

7. 全世界第一部茶学专著是什么？

中国第一部也是世界历史上第一部茶学专著是陆羽所著的《茶经》。此书初稿完成于公元8世纪唐代宗永泰元年（765年），经几度修改，定稿于780年。《茶经》全书分三卷十章，共7000余字。其内容为：一之源，二之具，三之造，四之器，五之煮，六之饮，七之事，八之出，九之略，十之图。《茶经》系统地叙述了茶的名称、用字、茶树形态、生长习性、生态环境以及种植要点，介绍了茶叶对人的生理和药理功效，论述了茶叶采摘、制造、烹煮、饮用方法、使用器具、茶叶种类和品质鉴别，搜集了我国古代有关茶事的记载，指出了中唐时期我国茶叶的产地和品质等，是我国历史上第一部茶叶百科全书，也是全世界第一部茶学专著。《茶经》与美国威廉·乌克斯的《茶叶全书》、日本高僧荣西和尚的《吃茶养生记》并称世界三大茶叶经典著作。

8. 中国古代茶圣是谁？

中国古代茶圣是陆羽。陆羽（733—804年）字鸿渐，唐代竟陵（今湖北天门）人。他是个弃婴，由智积禅师抚养，做小和尚，他不愿学佛而喜茶。因安史之乱，陆羽流落湖州，隐居苕溪。数十年中，他深入茶区，考察茶事，躬身实践，总结经验，于唐德宗建中元年（780年）定稿并出版了世界上第一部茶学专著《茶经》。这部专著的问世，有力地促进了茶叶生产和茶文化传播，因而陆羽被世人称为"茶圣"。

9. 我国茶叶饮用经历了哪几个不同的阶段？

我国饮茶已有几千年的历史。不同的历史时期、不同的茶类有不同的烹饮方法。大体说来，唐代以前，多为粗放煎饮，即将茶叶和姜、盐等混在一起煮，"浑而食之"，叫"茗粥"，也叫"羹饮"。到了唐代，重视饼茶，饮用时，先将茶饼烤炙、碾末，然后用水烹煮，称作"煮茶"或"煎茶"。宋代仍重饼茶，饮用时也是先研茶末，将茶末放在茶盏之中，先加少量水"调膏"，再逐步加沸水并用茶筅击打出泡沫，这种方法叫"点茶"。明代以后主要饮用散茶，饮茶的方法也改为泡饮，即将茶叶置于茶碗或茶壶之中，直接用沸水冲泡。这种方法也叫"撮泡"。泡饮之法，一直沿用到现在。

10. 我国什么时候开始有绿茶？

我国制造绿茶的历史，可以上溯到唐代以前。唐代陆羽《茶经》中所说的饼茶，实际上就是古老的蒸青绿茶。绿茶（右上图）的加工工艺由晒青到蒸青、炒青、烘青，至创制出片、末、针、眉、螺、珠等形状不同的优质名茶，经历了一个漫长的过程。

11. 我国什么时候开始有红茶？

　　红茶加工技术源于我国，已有四百多年的历史。据现有文献记载，"红茶"一词最早见于明代刘基的《多能鄙事》一书（15～16世纪）。福建省崇安县（今武夷山市）桐木关首创小种红茶，是历史上最早的一种红茶，因此，崇安县被称为红茶的发源地。1610年，福建崇安产的正山小种红茶首次从海上运往荷兰，然后相继运送至英国、法国和德国等国家。

12. 我国什么时候开始有白茶？

　　我国古书中就有不少有关白茶的记载，如宋人宋子安的《东溪试茶录》记有："白叶茶……茶叶如纸，民间以为茶瑞，取其第一者为斗茶。"但这只是茶树品种的白茶，而不是加工方法的白茶。后来所谓的白茶是品种与制法相结合的产物。1795

年，福建福鼎茶农采摘福鼎大白毫的茶芽，加工成针形茶。1875年，福建发现茶叶茸毛特多的茶树品种，如福鼎大白茶、政和大白茶，1885年起，就用大白茶的嫩芽加工成"白毫银针"。1922年起开始以一芽二叶的嫩梢加工成"白牡丹"。

13. 我国什么时候开始有黑茶？

"黑茶"一词最早出现于明嘉靖三年（1524年）的《明史·食货志》中："……以商茶低劣，悉征黑茶。地产有限，乃第茶为上中二品，印烙篦上，书商名而考之。每十斤蒸晒一篦，送至茶司，官商对分，官茶易马，商茶给卖。"此时的安化黑茶已经闻名全国，并由"私茶"逐步演变为"官茶"，用以易马。

14. 我国什么时候开始有乌龙茶？

乌龙茶，又称青茶。乌龙茶创制于1725年前后（清雍正年间），福建《安溪县志》记载，安溪人于清雍正三年首先发明乌龙茶做法，以后传入闽北、广东和台湾。另据史料考证，1862年福州即设有经营乌龙茶的茶栈。1866年台湾乌龙茶开始外销。

15. 我国什么时候开始有黄茶？

历史上最早记载的黄茶指的是茶树品种特征，即茶树生长的芽叶自然显露黄色。唐朝享有盛名的安徽寿州黄茶和作为贡茶的四川蒙顶黄芽，都因芽叶自然发黄而得名。

明朝，炒青技术出现后，黄茶的闷黄技术诞生。因为在炒青绿茶的生产过程中，杀青后或揉捻后不及时干燥或干燥程度不足，叶质变黄，但滋味更醇和也更易保存。如黄大茶即创制于明代隆庆年间，距今已有四百多年历史。

16. 我国什么时候开始有花茶？

我国制造花茶已有一千多年的历史。宋时（960年以后）向皇帝进贡的"龙凤饼茶"中虽加入了一种叫作"龙脑"的香料，但这种茶不是严格意义上的花茶。宋代施岳有步月（茉莉）一词，其中写道："玩芳味、春焙旋熏，贮农韵、水沈频爇。"但是否有茶参与焙熏，尚不明了。至元代，文人倪云林有以莲花熏茶的记载。后来，茶中普遍加入"珍茉香草"。明人钱椿年所编的《茶谱》（1539年）一书中所载制茶诸法中，列举有橙茶、莲花茶，并说木樨、茉莉、玫瑰、蔷薇、兰蕙、橘花、栀子、木香、梅花皆可制茶。

17. "白族三道茶"是哪三道？

第一道是苦茶，即雷响茶，把绿茶放在土陶罐里，用文火慢慢地烘烤，并不断地翻抖，待茶叶发出浓香时，即冲入开水，便会发出悦耳的响声。这道茶较苦，饮后可提神醒脑，浑身畅快。

第二道为甜茶，以红糖、乳扇为主料。乳扇是白族的特色食品，是一种乳制品。其做法是：将乳扇烤干捣碎加入红糖，再加核桃仁薄片、芝麻、爆米花等配料，注入茶水冲泡而成。此茶味道甘甜醇香，有滋补的功效。

第三道茶是用生姜、花椒、肉桂粉、松果粉加上蜂蜜，再加入茶水冲泡而成，味麻且辣，口感强烈，令人回味无穷。白族人民用"麻""辣"表示"亲密"，因此"白族三道茶"茶有着欢迎亲密朋友的意思，是白族同胞接待贵客的礼仪。

18. 什么是酥油茶？

打酥油茶是藏族同胞日常的饮茶方式。酥油茶的原料为茶叶、酥油、盐等。茶叶多为茯茶和砖茶，煮茶的时候将其敲碎。酥油是从牦牛奶、羊奶里提炼出来的，制成块状备用。制作酥油茶时，要先将锅中的水烧开，投入茶块，熬成浓汁，再滤去茶渣，将茶汁倒入专用陶罐内盛放，随时取用。打酥油茶时，先在打茶筒里放好酥油和其他作料，将茶水倒入，盖好茶筒盖，手握一根特制的木杵，上下不停舂打几十下，直到茶汤和酥油充分混合，小乳交融，便是香喷喷的酥油茶了。

19. 谁有"当代茶圣"之誉？

吴觉农有"当代茶圣"之誉。吴觉农先生（1897—1989年）是浙江上虞人，他在青年时代就立志要为振兴祖国农业而奋斗，而他对茶业感情尤深。当他知道我国茶叶历史悠久，曾饮誉世界，之后由于政治腐败，生产落后，茶园荒芜，民不聊生，致使茶业日趋衰退，一蹶不振，世界茶叶市场渐失，于是决心投身祖国茶叶事业。他曾东渡日本，学习现代茶叶科技。留学归国后，即为振兴祖国茶业四处奔波。他与友人合作，拟订了中国茶业复兴计划，先后创办了茶叶出口检验所，建立了茶叶改良场，创建了中国第一个茶叶研究所和第一个培养高级茶叶科技人才的基地——复旦大学茶学系。他还先后到印度、斯里兰卡、印度尼西亚、日本、英国和俄罗斯等地考察访问，以借鉴他国先进经验，探索我国茶业振兴大计。为了茶叶事业，他的足迹遍及全国各地。由于他对我国茶业的贡献巨大，被老一辈无产阶级革命家陆定一誉为"当代茶圣"。

20. 著名茶学家庄晚芳先生倡导的"中国茶德"包含哪些内容？

庄晚芳先生于1989年3月提出和倡导"中国茶德"，其内容为"廉、美、和、敬"。根据庄先生的阐释，"廉"之含义为"清茶一杯，推行清廉，勤俭育德，以茶敬客，以茶代酒"；"美"之含义为"清茶一杯，品名为主，共尝美味，共闻清香，共叙友情，康乐长寿"；"和"之含义为"清茶一杯，德重茶礼，和诚相处，搞好人际关系"；"敬"之含义为"清茶一杯，敬人爱民，助人为乐，器净水甘"。

茶之造

茶之牙者，发于丛薄之上，有三枝、四枝、五枝者，选其中枝颖拔者采焉。——唐·陆羽《茶经》

21. 现代茶叶如何分类?

茶叶分类的方法有多种,目前较一致的分类法,是将茶分为基本茶类和再加工茶类两个大类。基本茶类按茶叶加工原理和品质特征分为:绿茶、白茶、黄茶、青茶(乌龙茶)和红茶、黑茶,统称六大茶类。再加工茶类主要是指花茶、紧压茶等。

22. 绿茶是如何加工的?

绿茶初加工一般有四道工序,即摊放、杀青、揉捻、干燥。杀青是绿茶加工过程中的关键工艺,其主要目的是利用高温钝化多酚氧化酶的活性,防止茶多酚类物质氧化,从而形成绿茶独特的品质特征。

23. 绿茶如何分类?

绿茶的品质特征是"清汤绿叶"。在我国生产的茶叶中,绿茶是品类最多的一种。以杀青和干燥方法不同,分为炒青、蒸青、炒烘青和晒青四类。目前我国所产绿茶品名极多,仅名优绿茶已达数千种之多。

24. 如何区别烘青与炒青?

两者区别在于绿茶初加工的干燥过程采用方法的不同。所谓烘青，即在干燥过程采用烘干的方法，用烘笼或烘干机作工具，以炭炉或热气发生炉产生热空气蒸发茶叶内的部分水分，达到干燥的目的。所谓炒青，则是以炒干的方法干燥，用锅和炒干机作工具，锅下加热，以锅面的接触传热和热的传导蒸发茶叶内的部分水分，达到干燥的目的。炒青绿茶与烘青绿茶品质特征差异为：炒青绿茶条索紧实，色泽绿润，汤色绿明，香气高鲜，有板栗香，滋味浓醇爽口；烘青绿茶与炒青绿茶相比，茶条索松，白毫显露，色泽翠绿，清香带兰花香。

25. 什么季节的绿茶品质较好？

按生产时间，绿茶生产一般分春茶、夏茶和秋茶，一般以春茶质量较好。所以，消费者往往在春季将一年所需的绿茶一次购进，供全年品饮。

绿茶春茶的品质特点：一是滋味鲜醇，茶树经过一个冬季的营养积累，养分充足，茶叶中有效成分的含量丰富；二是香气高，春季气温相对较低，有利于茶叶中芳香物质的合成与积累，所以香气较高。

随着茶树品种的改进和工艺技术的提升，有些地区夏茶和秋茶的品质也很不错。

26. 西湖龙井茶产于何地？其品质特点如何？

西湖龙井茶产于杭州市西湖区。其品质特点：外形扁平尖削，光滑匀齐，色泽嫩绿匀润；香气鲜嫩清高持久；汤色嫩绿明亮；滋味甘醇鲜爽；叶底嫩匀成朵；有"色绿、香郁、形美、味醇"四绝之美誉。根据国家地理标志证明商标规定的范围，只有西湖产区168平方公里范围内生产的龙井茶，才能称为西湖龙井。

27. 龙井茶有哪几个产区？

根据《GB/T 18650—2008 地理标志产品—龙井茶》规定，将龙井茶原产地域划为西湖产区、钱塘产区、越州产区。杭州市西湖区（西湖风景名胜区）现辖行政区域为西湖产区；杭州市萧山、滨江、余杭、富阳、临安、桐庐、建德、淳安等县（市、区）现辖行政区域为钱塘产区；绍兴市绍兴、越城、新昌、嵊州、诸暨等县（市、区）现辖行政区域以及上虞、磐安、东阳、天台等县（市、区）现辖部分乡镇区域为越州产区。

28. 安吉白茶是白茶吗?

安吉白茶的加工工艺流程是绿茶的加工工艺，因此不属于白茶类，是绿茶类。安吉白茶，产于浙江省安吉县，是由叶色白化品种"白叶一号"加工而成，称其为白茶是因为白叶一号为温度敏感型突变体，当春季持续平均气温低于22℃条件下，因叶绿素缺失，茶树萌发的嫩芽为白色。而在高于22℃的条件下，叶色由白逐渐变绿，和一般绿茶茶树一样。安吉白茶是在特定的白化期内采摘、加工和制作的，有叶白脉绿特点。安吉白茶按加工工艺可分为"龙形"和"凤形"两种，前者用扁形茶加工工艺制作，后者用条形茶加工工艺制作。精品安吉白茶条直、显芽，壮实匀整，嫩绿，鲜活泛金边，汤色嫩绿明亮，香气鲜嫩持久，滋味鲜醇甘爽，叶白脉翠，一茶一叶初展，芽长于叶。

29. 缙云黄茶是黄茶吗?

缙云黄茶是用新梢黄化特异茶树品种"中黄2号"，以绿茶加工工艺精制而成，属于绿茶，其氨基酸含量在6.5%以上，茶多酚含量为14.7%～21%，所以口感特别鲜爽，在玻璃杯中冲泡，茶汤清澈，芽叶鲜亮，观赏价值极高。类似的茶还有天台黄茶（由黄化特异品种"中黄1号"新梢加工而成）等。而传统的黄茶是我国六大茶类之一，是通过加工过程中的"闷黄"工序形成，其特点是黄汤黄叶，比如"君山银针"。

30. 红茶是如何加工的?

红茶是以适宜的茶树鲜芽叶为原料,经萎凋、揉捻(切)、发酵、干燥等一系列工艺过程制作而成的茶,其中发酵是红茶加工的关键工艺。红茶发酵的本质是发生了以茶多酚酶促氧化为中心的化学反应,茶多酚(包括EGCG、EGC、ECG、EC等)氧化聚合产生了茶黄素、茶红素等新成分,香气物质比鲜叶明显增加。所以红茶具有红叶红汤和香甜味醇的特征。

31. 红茶的英文名为什么叫"Black tea"? 其品质特点如何?

红茶属于全发酵茶,呈现出"红汤红叶"的品质特征,干茶除了芽毫部分显金色,其余以乌黑油亮为好,所以英语中红茶称为"Black tea"。红茶的品质特点是:干茶色泽乌黑油润显金毫,汤色红艳,叶底红亮。我国生产的红茶有工夫红茶、小种红茶和红碎茶三类。这三类红茶各具特色。工夫红茶的特点是外形条索优美,香高味醇;小种红茶的特点是外形肥壮,微带松烟香;红碎茶的特点是叶、碎、片、末分级明显,香味鲜浓。另外,高品质红茶茶汤在冷却后都会有浑浊现象,这种现象称为"冷后浑",这种浑浊物主要是由咖啡因、茶黄素和茶红素等络合而成。茶汤正常的"冷后浑"现象是红茶品质好的体现。

32. 乌龙茶的工艺特点是什么?

乌龙茶是以具有一定成熟度的茶树鲜叶原料，经过晒青或萎凋、摇青、晾青、杀青、包揉、干燥等工序制出的半发酵茶。摇青和晾青是乌龙茶的特有工艺。

33. 乌龙茶品质特点如何?

乌龙茶主要产于我国福建、台湾、广东三省，按产地不同分为闽北乌龙、闽南乌龙、广东乌龙、台湾乌龙，品质亦有差异。传统乌龙茶品质的共同特点是：外形色泽砂绿、油润；而内质香气高，具有天然的花果香；汤色金黄，滋味浓醇，叶底边缘为红色，中间为绿色，俗称"绿叶红镶边"或称"红边绿玉板"。这个现象的形成是由于乌龙茶制造过程中的做青工序（由摇青和晾青组成），使叶缘碰撞破损红变所致。

34. 武夷岩茶产于何地?

武夷岩茶产于福建省武夷山市西南侧的武夷山。山上多岩石，茂密的植被和风化的岩石为茶树提供了丰富的有机质和矿物元素，茶树多生长在山岩之间，故称岩茶。武夷岩茶指在地理标志保护范围内，独特的武夷山自然生态环境下选用适宜的茶树品种进行繁育和栽培，并用独特的传统加工工艺制作而成，具有岩韵（岩骨花香）品质特征的乌龙茶。

岩茶外形条索壮结匀净，色泽砂绿，带蛙皮小白点；内质香气馥郁悠长，具花香，汤色澄黄，滋味醇厚，回味醇爽，独具"岩韵"，叶底肥厚柔软，叶缘朱砂红，叶片中央淡绿泛青，呈绿腹红边。

35. "三坑两涧"是哪里?

武夷山盛产岩茶，且山场众多，每一个山场都有自己独有的小气候。对于常喝岩茶的人来说，"三坑两涧"名气最大。三坑两涧，分别是慧苑坑、牛栏坑、大坑口、流香涧和悟源涧，也是武夷山传统的正岩产区。

36. 大红袍是红茶吗?

大红袍名字中虽有"红"字，却非红茶，而是武夷岩茶中的一种，其加工工艺属于六大茶类中的乌龙茶（青茶）。

　　大红袍制作仍沿用传统的手工做法，可分为五大工序：萎凋、做青、杀青、揉捻、烘焙。细分为十三道工序，即萎凋—做青（摇青、做手、静置）—炒青—揉捻—复炒—复揉—初焙（走水焙）—扬簸—晾索—拣剔—复焙（足火）—团包—补火。做青工序整个过程中要保持　焙香，要达到岩茶传统的三红七绿、绿叶红镶边，偏重偏轻都会影响品质。大红袍条索扭曲、紧结、壮实，色泽青褐油润带宝色，香气馥郁、浓长、幽远之感，滋味浓醇、鲜滑回甘、岩韵明显，杯底余香持久，汤色深橙黄且清澈艳丽，叶底软亮、匀齐、红边鲜明。

37. 白茶的加工工艺和品质特点是什么？

　　白茶是我国的六大茶类之一，主产于福建的福鼎、政和、建阳以及松溪等地，属于微发酵茶，按照传统白茶加工工艺（鲜叶－萎凋－干燥）制成。因其制茶原料嫩度和品种不同，白茶可分为白毫银针、白牡丹、贡眉和寿眉等。由于其制作工艺独特，不炒不揉，白毫银针具有外形满身披毫、毫香清鲜、汤色黄绿清澈、滋味鲜醇回甘的品质特点。白茶具有清凉、退热、降火、祛暑的作用和清幽素雅的风格。

38. 黄茶的加工工艺和品质特点是什么？

　　黄茶是茶叶杀青之后，通过湿热作用堆积闷黄制成的，其品质特点是"黄汤黄叶"，发酵程度也较轻。

39. 黑茶的加工工艺和品质特点是什么?

渥堆是黑茶初制独有的工艺,也是黑茶色、香、味品质形成的关键工艺。黑茶一般原料较粗老,加之制造过程中往往堆积发酵时间较长,因而叶色油黑或黑褐,故称黑茶。品质好的黑茶香气陈香纯,滋味陈醇甘滑,汤色明亮,以橙黄、橙红、红色为佳,叶底黑褐明亮。

40. 什么是普洱茶?

普洱茶是云南的特色茶,是以地理标志保护范围内的云南大叶种晒青绿茶为原料,并在地理标志保护范围内采用特定的加工工艺制成,具有独特品质特征的茶叶。普洱茶按加工工艺及品质特征分为普洱茶生茶和普洱茶熟茶两种类型,按外观形态分为普洱茶(熟茶)散茶、普洱茶(生茶、熟茶)紧压茶。

41. 什么是普洱茶的后发酵?

普洱茶的后发酵,是指云南大叶种晒青茶或普洱茶(生茶)在特定的环境条件下,经微生物、酶、湿热、氧化等综合作用,其内含物质发生一系列转化,而形成普洱茶(熟茶)独有品质特征的过程(GB/T 22111—2008《地理标志产品 普洱茶》)。

42. 茯茶中的"金花"是什么?

在茯茶加工过程中有一个独特的"发花"工艺,"发花"

的实质是以冠突散囊菌为主体的固态发酵过程。人工在茶叶上接种冠突散囊菌，控制温度、湿度等外界条件，以适应它的生长繁殖，该菌形成的黄色闭囊就是"金花"。"发花"工艺对茯茶特有的风味及保健功能的形成具有重要作用。

43. 茶毫多，是好还是不好？

决定茶毫多少的最大因素是品种，有的茶树品种茸毛特别多，有的茶树品种几乎没有茸毛。除了品种外，老嫩也会影响茶毫。一般较嫩的原料，茸毛较多。所以同一品种的茶，一般茸毛多的原料更佳。加工工艺也会影响茶毫，比如龙井的辉锅工艺就是要去掉茶毫，翻炒多的茶毫毛也会掉落得多。

茶毫里含有氨基酸等物质，一定程度上影响着茶叶滋味和营养。茶毫主要是由品种决定的，受原料老嫩和工艺的影响，所以不能根据茶毫多少来判断茶的优劣，有的好茶，原料品种决定没有茶毫。但一般茶毫较多的茶，品质大都不错。

44. 干茶中有微生物吗？

在生活中微生物无处不在，茶叶中当然也有微生物，从鲜叶采摘到加工成茶叶，再到储藏均存在微生物，并且微生物在茶叶生产过程中发挥着重要的作用。例如微生物参与的后发酵是黑茶加工过程中重要的环节。有研究报道，在黑茶中分离鉴定出了多种微生物，包括曲霉、黑霉菌、酵母菌和其他菌类。

在这些微生物的作用下，形成了黑茶独特的化学品质。

45. 抹茶是什么茶?

抹茶是采用覆盖栽培的茶树鲜叶，经蒸汽（或热风）杀青后、干燥制成的茶叶为原料，经研磨加工，制成的微粉状茶产品。

46. 抹茶的品质特征如何?

抹茶不仅色翠汤鲜，具有独特的海苔风味，还有氨基酸含量高、叶绿素含量高等特点，且苦涩味低、口感鲜醇，其作为食品添加物在现代食品工业中得到广泛应用。

47. 速溶茶粉是如何加工的?

速溶茶粉是一种能够迅速溶解于水的固体饮料茶，是以成品茶、半成品茶、茶叶副产品或茶鲜叶以及草本植物类、谷物类等为原料，通过提取、过滤、净化、浓缩、干燥等生产工艺，加工制成的一种溶于水而无茶渣的颗粒状、粉末状或小片状的新型饮料。速溶茶粉产品分为速溶纯茶与速溶调配（味）茶两大类，因具有冲饮携带方便、冲水速溶、不留余渣、易于调节浓淡和易于同其他食品调配等特点，越来越广泛地在茶叶市场中推广和应用。

茶之饮

茶有九难：一曰造，二曰别，三曰器，四曰火，五曰水，六曰炙，七曰末，八曰煮，九曰饮。

——唐·陆羽《茶经》

48. 泡好一杯（壶）茶的基本要素是什么?

冲泡一壶好茶，受到各种因素影响，不仅是茶有好坏，还受到不同泡茶者的冲泡习惯的影响，冲泡出的茶汤香气、滋味往往也有差别。有经验的泡茶者了解所泡茶叶的特性，能够根据茶性选择合适的泡法，控制呈味物质浸出速率，突出其品质特点中令人愉悦之处，降低品质缺陷造成的不悦感。泡茶的基本要素可以归纳为以下六个方面：①茶的质量，茶本身质量的优劣是茶汤滋味的先决条件；②冲泡用水，水中含有的矿物元素或其他物质对冲泡结果有影响；③茶器，茶器不同的造型与材质对冲泡结果有影响；④冲泡时间，不同的浸泡时间茶叶中可溶性物质浸出率不同，对茶汤滋味有影响；⑤冲泡水温，茶叶呈味物质和香气成分在不同温度下浸出率和挥发率不同，对冲泡结果有影响；⑥茶水比，不同的茶水比对茶汤浓度有影响。

49. 泡茶时冲泡时间如何把握?

冲泡时间对茶汤滋味有明显的影响，一般泡茶时间从10秒至3分钟都为合理时间范围。在其他因子相同的情况下，冲泡时间越长，茶汤中的呈味物质浸出量越大，茶汤中的水浸出物含量就越高。茶汤中的水浸出物含量和滋味浓度成正相关，因此泡茶时间长，茶汤浓度就高；泡茶时间短，茶汤浓度低。不同人饮茶时喜好的浓度差异较大，有人喜欢喝浓茶，有人喜欢喝淡茶，因此泡茶时间还要根据品饮者喜好而定。

50. 泡茶时水温有什么要求?

一般说来，泡茶水温与茶叶中有效物质在水中的溶解度呈正相关。水温越高，有效物质浸出越多，茶汤也越浓。反之，水温越低，有效物质浸出越少，茶汤也越淡。但不同的茶类对水温的要求是不一样的。冲泡芽叶细嫩的名优绿茶，水温不宜过高，一般以75～85℃为宜，因为名优绿茶的芽叶比较细嫩，用稍低一些的水温冲泡，茶汤嫩绿明亮，滋味也较鲜爽；而在水温较高的情况下，茶叶中的茶多酚类物质容易浸出，影响茶汤滋味，茶叶中所含维生素C也易被破坏。泡茶水温还可根据地域、年龄、性别、习惯等因素进行适当调节。一般来说，冲泡乌龙茶、黑茶、白茶、花茶，则水温要高些，可选用沸水。红茶和黄茶视茶叶嫩度而定，嫩度较高的茶泡茶水温宜低，可选择75～85℃；茶叶嫩度较低则泡茶水温需要较高，可选择85～95℃。

51. 泡茶时茶与水的比例一般是多少?

一般来说，茶多水少则味浓，茶少水多则味淡。如何掌握适度的茶水比例，则要根据茶叶的种类、茶具的大小及饮用者个人品饮习惯来确定。如冲泡名优绿茶、红茶，茶与水的比例大致可以掌握在1:50～1:75，即每杯放3克左右的干茶，加入150～200毫升、75～85℃的水即可。如冲泡普洱茶、乌龙茶，同样的茶杯（壶）和水量，用茶量则应高出一般红、绿茶一倍以上。少数民族嗜好的砖茶，茶汤浓度高，其分解脂肪、帮助消化的功能也强，因此煎煮时，茶和水的比例可以达到1：30～1：40，即50克左右的砖茶，用1500～2000毫升水。

52. 为什么泡茶要茶水分离？

泡茶倡导茶水分离主要有以下几点原因：①不同的茶类适宜的冲泡次数不一样，茶水分离可以充分体会每泡茶带来的感官享受；②茶叶中不同的化学成分浸出规律不同，茶水分离可以通过控制出汤时间使每泡品质更均一；③茶水分离会更好地发挥茶的品饮和营养价值，对茶汤色泽、滋味及营养成分的保留更有利。

53. 第一泡茶水是否应该倒掉？

有些人认为第一泡茶不干净，泡茶时总是将第一泡茶水倒掉，认为这样可以洗灰尘、去农残。这种做法是有误的。目前茶叶加工大多实现机械化、连续化、清洁化，这样生产出来的茶叶是很干净卫生的。

市场上销售的茶叶要求必须符合食品安全国家标准，只要消费者购买的茶叶是合格产品，茶叶的卫生指标就值得信赖，可以放心饮用。更为重要的是，茶叶在冲泡第一遍时，大部分氨基酸、咖啡因、维生素C等营养成分已经浸出，将其倒掉就失去了这些营养成分。所以，符合食品安全国家标准的合格茶产品的第一泡不应该倒掉。

74. 不同水质对绿茶茶汤品质有影响吗？

采用不同类型的饮用水冲泡绿茶，对茶汤品质风味有比较大的影响。日常泡茶用水主要为纯净水（蒸馏水）、天然水（泉水）、天然矿泉水等各类包装饮用水和自来水、水源地水。通常情况，纯净水（蒸馏水）冲泡的绿茶品质纯正，原汁原味；天然水（泉水）对绿茶香气和滋味品质有一定的改善作用，而天然矿泉水对绿茶品质风格影响较大，多数出现负面影响；自来水因水源地的不同，其影响差异较大，一般大城市的自来水冲泡绿茶品质不佳，碱性水一般不适合冲泡绿茶。一般消费者可选择纯净水（蒸馏水）泡绿茶，而要求较高的消费者可选用低矿化度、低硬度和低碱度的天然水（泉水）。大城市自来水一般可通过静置处理或购置多层膜系统进行处理，以提高泡茶用水的品质。

55. 冲泡绿茶有时会出现白色沉淀是茶叶有问题吗?

在冲泡绿茶时出现白色沉淀主要是水质的问题。茶叶中含一定量的草酸等有机酸,当泡茶用水的硬度较高,即水中含钙和镁离子过多时,就会产生大量的草酸钙、草酸镁等难溶于水的白色沉淀物质,与茶叶的质量关系并不大。

56. 如何用玻璃杯泡绿茶?

绿茶玻璃杯泡法可分为上投法、中投法、下投法。①上投法是指先在杯中冲入水,然后加入茶叶,此时茶叶在水面缓缓舒展、徐徐下降,这种方法的优势在于不易使茶毫脱落,适合于芽叶细嫩、茸毫含量高易产生毫浑的茶;②中投法是指冲入1/3左右的水,然后加入茶叶,最后注水至七分满,适合于既不过分细嫩、又不十分难以下沉的茶叶;③下投法是指先加入茶叶,然后注水至七分满,适合于不易沉底,芽叶肥壮的茶叶。以龙井茶为例,选用玻璃杯中投法,3克茶叶用100毫升水冲泡,水温75℃,第一泡80秒,第二泡60秒,第三泡95秒。

57. 如何冲泡红茶?

红茶可以选用多种冲泡方法。袋泡红茶和速溶红茶一般采用杯泡法;红碎茶及红茶片、红茶末一般采用壶泡法,便于茶汤与茶渣的分离;工夫红茶和小种红茶可以用盖碗冲泡,也可以采用壶泡法。以工夫红茶为例，选用盖碗冲泡，4克茶用100毫升、85℃的水冲泡，第一泡45秒，第二泡20秒，第三泡40秒。外国人饮用红茶，习惯在茶汤中添加牛奶和糖，有的喜欢将茶汁倒入有冰块的容器中，并加入适量蜂蜜和新鲜柠檬，制成清凉的冰红茶。

58. 如何冲泡潮汕工夫茶？

工夫茶流行于福建的闽南地区和广东的潮汕地区，这是一种极为讲究的饮茶方式。喝潮汕工夫茶需用一套古色古香的茶具，人称"烹茶四宝"，一是玉书碨，即一只赭褐色扁形的烧水壶，容量200毫升左右；二是潮汕炉，用以烧开水；三是孟臣罐，一种紫砂茶壶，大小像鹅蛋，容量50多毫升；四是若琛瓯，一种很小的茶杯，只有半个乒乓球大小，仅能容10～20毫升茶汤。以冲泡凤凰单丛为例，5克茶用100毫升、80℃的水冲泡，第一泡70秒，第二泡50秒，第三泡60秒，此后每泡时间延长10～15秒，一般可以冲泡5～8次。

59. 如何冲泡黄茶？

黄茶一般使用盖碗冲泡，也可选用杯泡或壶泡。黄芽茶、黄小茶等可以参照绿茶冲泡方法和冲泡水温，外形优美细嫩的黄茶可以选用玻璃杯或盖碗冲泡。以莫干黄芽茶为例，3克茶，用100毫升水冲泡，水温80℃，第一泡80秒，第二泡50秒，第三泡60秒。黄大茶需要较高的冲泡水温，一般水温以95℃以上为宜。

60. 如何冲泡白茶？

白茶可选用盖碗下投法冲泡。白茶冲泡水温较高，特别是冲泡白毫银针，需要95℃以上水温，平均冲泡时间较其他茶类稍长；白牡丹、寿眉等干茶叶形较松散，一般选用中至大号盖碗。因白茶汤色颜色较浅，品饮时选用白瓷品茗杯，以便观赏汤色。以白牡丹为例，5克茶，用100毫升水冲泡，选择90℃水温，第一泡60秒，第二泡缩短到30秒，第三泡40秒，第四泡60秒，第五泡80秒。老白茶可以选用大壶煮泡，风味更佳。

61. 如何冲泡黑茶？

冲泡黑茶需要较高温度的水，故常选用大肚紫砂壶冲泡，以保持较高的水温。以普洱茶（紧压茶）为例，5克茶用100毫升水冲泡，水温90℃，第一次冲泡的时间20秒，第二泡缩短到10秒，第三泡延长至15秒，之后每泡延长5～10秒，一般可以冲泡7次以上。

62. 茶叶涩感是怎么形成的?

茶叶中的多酚类物质含有游离羟基,其与口腔黏膜上皮层组织的蛋白质相结合,并凝固成不透水层,这一层薄膜产生一种味感,就是涩味(感)。如果多酚类的羟基很多,形成不透水膜厚,就如同吃了生柿子;如果多酚类的羟基较少,形成的不透水膜薄而不牢固,逐步解离,就形成了先涩后甘的味觉。

63. 为什么有的茶会有青草气?

产生青草气的主要成分是青叶醇,存在于新鲜的茶树叶片中,沸点为156℃。而白茶制作工艺简单,主要是萎凋和烘焙,青叶醇挥发不完全,特别是刚制作出来的当年白茶,常常会带有青草气、青草香。绿茶杀青不足,也会有青草气。

64. 为什么饭后不宜马上喝茶?

由于茶叶中含有丰富的酚类化合物,容易与食物中的蛋白质结合形成络合物,影响蛋白质在肠胃内的消化吸收,从而降低了饮食的营养效果。因此,饭后不宜马上喝浓茶。

65. 隔夜茶能喝吗?

隔夜茶只要未变质,还是可以喝的。但夏季天气炎热,茶汤易变馊，有时上午泡的茶，下午就不能喝了。在人类食物中，有许多含有硝酸盐类的物质，它们在还原酶或在细菌作用下可生成亚硝酸盐，而亚硝酸盐在动物体内的代谢作用下有致癌的风险。由于茶叶中含有一定量的蛋白质，有人便猜测隔夜茶中会有亚硝酸盐的产生，于是便以为喝隔夜茶可能致癌。其实，茶叶中即使产生亚硝酸盐，也是微乎其微的，何况亚硝酸盐本身并不会致癌，它需要一定的条件，即存在二级胺并与之反应生成亚硝胺才有一定毒性。另外，茶叶中含有丰富的茶多酚和维生素C，能抑制亚硝胺的合成。

当然，我们并非提倡人们去饮隔夜茶。任何饮品，大都是以新鲜为好，茶叶也不例外，随泡随饮，不仅香味浓郁，营养物质也更丰富，又可减少杂菌污染。所以，茶最好还是现泡现饮。

66. 可以用茶水服药吗？

因为茶叶中含有咖啡因、茶碱、可可碱和茶多酚等物质，可能会与某些药物成分发生作用，影响药物疗效，所以服用某些西药时不能饮茶或用茶水送服。例如甲丙氨酯、巴比妥、安定等中枢神经抑制剂就可与茶中咖啡因、茶碱等兴奋中枢神经因子发生冲突，影响药物的镇静助眠效果；心血管病人或肾炎患者服用潘生丁时若饮茶，茶中咖啡因具有对抗腺甙作用，会减弱潘生丁的药效；贫血病人服用铁剂时若饮茶，茶多酚与铁结合形成沉淀，影响人体对铁剂的吸收。此外，氯丙嗪、氨基比林、阿片全碱、小檗碱、洋地黄、乳酶生、多酶片、胃蛋白酶、硫酸亚铁以及四环素等抗生素药物，都会与茶中茶多酚结合产生不溶性沉淀物，影响药物的吸收。为了充分发挥药物性能，避免出现不良后果，除医生建议需要以茶水送服的药外，服用中西药，最好都不要以茶水送服或吃药后立即饮茶。

67. 贫血患者是否适宜饮茶？

缺铁性贫血患者不适宜饮茶。因为茶叶中的茶多酚类物质在胃中能与三价铁离子形成不溶性沉淀物，且大量多酚类物质的存在会抑制胃肠活动，不利于人体吸收铁等营养元素。由于维生素B_{12}与血红细胞形成有关，而茶多酚与维生素B_{12}之间存在络合现象，这也同样可能加重缺铁性贫血。另外，若缺铁性贫血患者服用补铁剂类药物，茶叶中的多酚类成分与之发生络合等反应会降低补铁剂的疗效。

68. 西北地区少数民族为什么将茶作为生活必需品？

这与他们的生活习惯及所处地理环境有关。第一，他们日常以乳品、肉食为主要食品，摄入脂肪较多，难以消化，而茶中的内含物有分解脂肪、帮助消化的功能。第二，西北地区海拔高，空气稀薄，加之气候干燥，人体水分散发较快，需适当的水分补充。饮茶除了能补充水分外，茶叶中的多酚类物质还能刺激唾液分泌，有生津止渴的作用。第三，高原地区，蔬菜水果缺乏，人们易患维生素缺乏症，而茶叶中含有多种维生素，特别是维生素C比较丰富，人们可通过饮茶得到维生素的补充。

69. 茶叶入菜的方式有哪些？

茶叶入菜的方式通常有四种，一是将新鲜的茶叶与菜肴一起凉拌、烤制或炒制，是为茶菜；二是在茶汤里加入菜肴一起炖或焖，是为茶汤；三是将茶叶磨成粉撒入菜肴或制作点心，是为茶粉；四是用茶叶的香气熏制食品，是为茶熏。

70. 茶汤到底是酸性还是碱性？

茶汤是酸性的。茶汤的酸碱性取决于茶汤中游离的氢离子和氢氧根离子的相对浓度。茶汤中的酸性物质主要是各种羧酸（柠檬酸、脂肪酸等）、某些氨基酸、维生素C、茶黄素、茶红素等；茶汤中的碱性物质主要是咖啡因和一些香气物质。茶汤的pH与茶的加工、成品茶质量、茶叶的冲泡都有一定关系。通常情况下，所有的茶汤都是酸性的，不存在碱性一说。

71. 儿童究竟能不能喝茶？

儿童可以喝茶，但是要相对淡些。茶叶里面的咖啡因有提神醒脑效果，若茶水太浓，可能会影响儿童的神经系统，引起过度兴奋。另外，过量摄入咖啡因也可能会影响儿童的正常发育。所以建议儿童喝茶要喝淡茶，可以喝第二泡以后的茶汤，因为咖啡因很容易溶解在热水里，第一泡茶水中咖啡因含量较高。

72. 女性经期能喝茶吗？

女性月经期会有较多的失血，要靠造血功能来补充血液，故需要更多的铁元素。而茶叶中含有大量的多酚类物质，它们很容易与铁离子发生络合而降低人体对铁元素的吸收利用。已有大量研究结果证实上述分析。事实上，我们用酒石酸铁比色法测定茶多酚含量就是利用茶多酚与三价铁离子之间的这种络合反应。所以，为了防止引起缺铁性贫血，我们提倡避开用餐时间饮茶，即饭前饭后半小时以内不饮茶。而对于经期妇女、孕妇、幼儿、缺铁性贫血患者等特殊人群，则不但要避开用餐时间饮茶，还要提倡少饮茶、不饮浓茶。此外，中医的观点认为妇女经期不宜吃生冷寒凉食物，而就不同茶类而言，绿茶性偏寒，自然属于经期不宜之物了。所以，如果要适当饮茶，也不宜选绿茶，而是选择红茶或普洱茶会比较好。

73. 孕妇能喝茶吗?

妇女孕期，由于胎儿在母体内的生长发育需要大量营养，其中包括制造血红素的铁元素，所以孕妇对铁营养的需求比一般成人要多。而茶叶中的茶多酚类很容易与铁离子发生络合而降低人体对铁元素的利用率。为了孕妇和胎儿的健康，孕妇需要加强营养，尤其是铁营养。所以，为了防止引起缺铁性贫血，提倡避开用餐时间饮茶，孕妇宜少饮茶、不饮浓茶，特别是绿茶。

74. 女性哺乳期能喝茶吗?

哺乳期应不饮茶或饮淡茶。哺乳期饮茶需要关心乳儿和乳母两者的健康。乳母饮茶会使其乳汁中含有茶多酚和咖啡因，乳汁中如果有较多的茶多酚，可能对乳儿的铁元素吸收不利，而咖啡因可能影响乳儿神经系统的正常发育，或引起过度兴奋、不安等症状。此外，从中医的"四气"概念来分析，茶一般属于微寒，偏平、凉，茶还具有一定的收敛性，所以，它对于哺乳期妇女的乳汁分泌可能也有不利的影响，造成乳量减少，所以哺乳期还是不饮茶为好。

当然啦，如果不是母乳喂养，就不存在上述问题，而且茶中的咖啡因还能令女性精力旺盛，而茶多酚等物质的收敛性还可减少乳汁分泌，这对不想母乳喂养的女性而言反而是有利的，再加上茶叶的其他保健功效，合理饮茶对产后妇女的健康很有利，所以可以适当饮用一些浓度低的淡茶。

75. 茶叶中"有农药残留"和"残留量超标"是一回事吗？

随着科技的发展，目前在茶园中推荐使用的农药均为低风险农药，而含有残留农药的茶叶到底能不能喝的关键问题在于"残留在茶叶中的农药的量有多大"。世界上很多国家和地区都制定了农药最大残留限量（MRLs）标准，用于保障饮茶者健康。该标准指的是每天因饮茶摄入高于MRLs水平的农药，才可能对人体健康造成影响。因此对于"有农药残留"的茶叶，只要"残留量不超标"，理论上都是足够安全的，可放心饮用。

76. "茶叶中农药残留量"同"茶汤中农药残留量"是一回事吗？

茶叶与粮食、蔬菜、水果等食品的不同点在于：茶叶多是冲泡饮用茶水（汤），因此，只有在泡茶过程中能进入茶汤中的农药才可能随饮茶进入人体。研究表明，冲泡进入茶汤中的农药量占干茶中农药残留量的比例与农药性质、冲泡次数、冲泡温度等条件密切相关。目前在茶叶生产中推荐使用的农药，多为脂溶性农药品种，冲泡过程进入茶汤中的含量一般低于干茶中农药量的10%。因此即使干茶中含有一些残留农药，冲泡进入茶汤中的量也是微乎其微的。

77. 茶叶中农药残留的风险有多大？

通常，我们以通过饮茶摄入的农药量占农药每日允许摄入量（ADI）的比例评价农药残留风险。假设在极端情况下，茶叶中农药残留在1 mg/kg级别（极个别情况），该农药在冲泡过程中转移到茶汤中的比例在1%～50%，ADI也选择较高毒的0.005～0.01mg/kg bw·d（毫克/千克体重天，每天每千克体重允许的摄入量），则成年饮茶者（60kg体重）终身每天饮用0.6kg至30kg茶叶冲泡的茶汤才可能产生健康风险，该饮用量是目前已知世界上平均最高茶叶消费量（13g/day）的46～2300倍。

茶之益

茶之为用，味至寒，为饮最宜精行俭德之人。若热渴、凝闷、脑疼、目涩、四支烦、百节不舒，聊四五啜，与醍醐、甘露抗衡也。

——唐 陆羽《茶经》

78. 茶叶中的化学成分有哪些?

经过分离鉴定，已知茶叶中的化合物有1500多种。茶树鲜叶中，水分占75%～78%，干物质占22%～25%。干物质包括有机物质和无机物质。有机干物质中主要含以下物质：蛋白质20%～30%，糖类20%～25%，茶多酚类10%～25%，脂类8%左右，生物碱3%～5%，游离氨基酸2%～7%，有机酸3%左右，色素1%左右，维生素0.6%～1.0%，芳香物质0.005%～0.03%。无机干物质主要有：氟、锌、铁、锰、镁、铝、钾等。

79. 从现代生物化学和医学的角度看，茶叶有哪些功效?

根据已有的报道，茶的功效主要有下列23项：①止渴；②缓解疲劳；③舒缓紧张情绪；④强心；⑤利尿；⑥预防高脂血症，降低血脂；⑦预防糖尿病，降低血糖；⑧保肝护肝；⑨增强肠道蠕动，缓解便秘，促进排便；⑩消食、解油腻；⑪络合重金属离子（如铅、砷等）；⑫抑菌；⑬消炎；⑭抗病毒；⑮预防消化道癌症、乳腺癌、前列腺癌、肺癌等；⑯抗氧化；⑰抗辐射；⑱防龋齿；⑲解酒；⑳防治眼科疾病；㉑预防结石；㉒预防动脉粥样硬化；㉓预防神经系统退行性病变。

80. 茶多酚有哪些功效?

茶多酚主要功效有：①增强毛细血管的作用，增强微血管壁的韧性，效果极为明显；②促进维生素C的吸收，防治维生素缺乏病；③有一定的解毒功效，可将有害金属离子（如六价铬离子）还原成无毒害离子；④抑制动脉粥样硬化，减少高血压和冠心病的发病率；⑤具有显著的体外抗菌杀菌作用；⑥使甲状腺功能亢进恢复正常；⑦抗辐射损伤，提高白细胞数量；⑧抑制突变源引起的突变，抑制癌细胞生成；⑨防止细胞内脂质的过氧化，有抑制自由基生成的作用；⑩有抗凝化瘀作用，降低血脂，防止血栓形成，有减肥功效；⑪预防神经退行性病变，具有预防阿尔兹海默症作用；⑫预防紫外线照射对皮肤的损伤；⑬增强机体免疫力。

81. 茶叶中的生物碱对人体有何作用？

茶叶中的生物碱主要有三种，即咖啡因、可可碱和茶碱。三种生物碱都属于甲基嘌呤类化合物，是一类重要的生理活性物质，也是茶叶的特征性化学物质之一，它们的药理作用非常相似，均具有显著的兴奋神经中枢、利尿作用。茶叶中的生物碱以咖啡因含量最高，其次为可可碱，茶碱含量甚微。

82. 茶叶中的茶氨酸对人体有何功效？

茶氨酸占茶叶中总游离氨基酸总量的一半左右，是茶叶中重要的品质成分，尤其与绿茶品质关系密切。茶氨酸具有以下几个方面的功效：①增进记忆力和学习能力；②对帕金森氏症、老年痴呆及传导神经功能紊乱等有预防作用；③保肝护肝作用；④降压安神，改善睡眠；⑤增强人体免疫功能，延缓衰老等。

83. 茶叶中的γ－氨基丁酸对人体有什么功效？

γ－氨基丁酸是一种非蛋白质氨基酸，它广泛地存在于动植物体内。一般情况下茶叶中γ－氨基丁酸含量很低，但通过特殊的加工工艺，其含量能显著地提高。

γ－氨基丁酸具有显著的降血压、改善大脑细胞代谢、增强记忆等效果。还有报道指出，γ－氨基丁酸能改善视觉，降低胆固醇，调节激素分泌，解除氨毒，增进和保护肝脏肝功能等。

84. 饮茶有健齿作用吗？

茶叶中含有较多的氟元素，适量的氟能促使牙齿钙化和牙釉质形成，因此饮茶有健齿、防龋作用。儿童6岁前是恒牙牙胚形成时期，在这段时期摄取氟元素，对防龋有特殊的作用。儿童一般可以用茶水漱口的方式补充氟元素。茶叶中多酚类物质的杀菌作用也是健齿作用的主要依据之一。

85. 饮茶具有抗氧化作用吗？

茶叶具有优良的抗氧化活性，这是茶叶具有保健功效的重要基础之一。茶的抗氧化效果与其清除自由基的作用密切相关，茶叶中的多种成分具有清除自由基的功能，其中最主要的成分是茶多酚。茶多酚抗氧化功能的三大机制是：抑制自由基的产生、直接清除自由基以及激活生物体自身的自由基清除体系。因此，饮茶能起到一定抗氧化的作用。

86. 饮茶有防癌的功效吗？

茶叶具有一定的预防癌症的效果。大量动物和人群干预研究都显示，在一定饮茶量的基础上，经常、持续地饮用绿茶可以预防某些癌症，尤其以消化道癌、前列腺癌的预防效应最为显著，肝癌的预防效果也较好。以消化道癌为例，茶叶中的活性成分吸收之后，可以广泛地分布在消化道和代谢器官，从而抑制致癌物质的吸收，并且促进肿瘤细胞的凋亡。茶叶的抗癌主要依赖于茶多酚类成分，通过抑制致癌物质（例如亚硝基化合物）、清除自由基、阻断或者抑制肿瘤细胞的生长、促进肿瘤细胞的凋亡从而发挥其防癌的功效。目前，大量的流行病学调查数据表明茶叶在女性群体中的预防癌症作用更为显著，研究发现其原因可能与男性一般都有吸烟等不良生活习惯有关。另外，茶叶中还有丰富的维生素C和维生素E，也具有辅助抗癌功效。

87. 饮茶可以减肥吗?

人群调查和干预研究发现，茶叶有较好的降脂功效，但是降低体重效果并不突出。经常饮茶可以显著地改善血脂状况，降低血液胆固醇和甘油三酯的水平。我国古代就有关于茶叶减肥功效的记载，如"去腻减肥，轻身换骨""解浓油""久食令人瘦"等。茶叶具有良好的降脂功效是由于它所含的多种有效成分（茶多酚、咖啡因、维生素、氨基酸等）的综合作用。肥胖是因脂肪吸收合成大于分解代谢所引起的。喝茶的过程中，茶多酚可以抑制食物中脂肪的吸收，抑制消化道内酶（糖苷酶、脂肪酶、淀粉酶等）活性，促进肠道蠕动和脂质的排泄，并且增加细胞的线粒体能量消耗，达到减肥降脂的目的。

88. 饮茶有美白作用吗?

茶叶中的茶多酚具有直接阻止紫外线对皮肤的损伤的作用，有"紫外线过滤器"之美称。研究表明，茶多酚对紫外线诱导的皮肤损伤有很强的保护作用，抗紫外线的作用强于维生素E。茶多酚还能抑制酪氨酸酶的活性，降低黑色素细胞的代谢强度，减少黑色素的形成，具有皮肤美白的作用。

89. 饮茶可以预防动脉粥样硬化吗?

动脉粥样硬化形成的主要原因是低密度脂蛋白氧化，强烈地抑制巨噬细胞的移动，促使巨噬细胞滞留在动脉壁，导致动脉壁增厚变硬，血管腔狭窄，促进动脉粥样硬化的发生。而茶中的功能成分茶多酚可以调节动脉壁构成细胞的功能，阻碍胆固醇的吸收，抑制低密度脂蛋白氧化，增加高密度脂蛋白的比例。所以喝茶可以预防动脉粥样硬化。

90. 饮茶有防辐射损伤作用吗?

茶叶有防辐射损伤的作用。1962年，苏联学者对小白鼠进行体内试验，注射茶叶提取物的小白鼠经照射γ射线后，大部分成活，而不注射茶叶提取物的小白鼠则大部分死亡，研究还发现茶叶提取物对造血功能有明显的保护作用。第二次世界大战时，日本广岛原子弹的受害者中，凡长期饮茶的人受辐射损伤的程度较轻，存活率也较高。1973年前后，国内研究证明，用茶叶提取物可防治因辐射损伤而造成的白细胞下降，有利于造血功能的正常化。茶叶抗辐射作用的物质主要有茶多酚、脂多糖、维生素C、维生素E、胱氨酸、半胱氨酸、B族维生素等。尽管茶叶防辐射损伤的机理还有待深入的研究，但很多动物试验和临床试验表明，茶叶防辐射损伤的效果是十分明显的。

91. 饮茶可以预防感冒吗?

饮用白茶可抗炎清火,具有一定预防感冒的功效。①白茶的加工工艺中没有杀青和揉捻,低温长时间萎凋也造成了白茶有别于其他茶类的物质组成,成为其抗炎清火的基础;②白茶中黄酮的含量较高,是天然的抗氧化剂,可起到提高免疫力和保护心血管等作用(一般老白茶的黄酮含量更高)。在感冒初期饮用白茶作用更明显;③白茶功能主要在提高免疫力和预防方面,终究不是药物的替代品,如炎症和感冒较严重还是建议去医院,毕竟每个人体质以及感冒发生情况是不同的。

92. 饭后用茶水漱口好吗?

饭后,口腔齿隙间常留有各种食物残渣,经口腔内的生物酶、细菌的作用,可能生成蛋白质毒素、亚硝酸盐等致癌物。这些物质可经喝水、进食、咽唾等口腔运动进入消化道,有害健康。饭后用茶水漱口,正好利用茶水中的氟离子和茶多酚抑制齿隙间的细菌生长,而且茶水还有消炎、抑制大肠杆菌、葡萄球菌繁衍的作用。茶水还可将嵌在齿缝中的肉食纤维收缩而离开齿缝。所以饭后用茶水漱口有利健康,尤其是饱食油腻之后。

93. 茶有抗衰老的作用吗?

根据衰老自由基学说,老化是自由基产生与清除状态失去平衡的结果，因此减少自由基的生成或对已有自由基进行清除，可有效减慢皮肤的衰老和皱纹的产生。茶叶中的茶多酚是一种抗氧化能力很强的天然抗氧化剂，清除自由基能力超过维生素C和维生素E。所以茶叶能有效预防和减缓皮肤衰老，具有一定美容功效。

94. 如何正确看待茶叶的功效？

虽然茶叶具有很多保健和医用功效，但茶叶毕竟只是一种日常饮用的饮料而不是药物。

对于具有明显器质性损伤，或者经过诊断已经确认某类疾病的人群，如果身体不适，还是应该及时到医院去咨询医生，遵医嘱判断是否可以在治疗或者服药时饮茶。茶叶具有的功效主要防病保健，维持身体健康，离不开合理的生活习惯和科学的膳食结构，经常饮茶，会有助于保持身体健康，减少身体不适发生的概率。

95. 茶汤表面的泡沫是什么？

人们泡茶时经常会看到茶汤表面浮着一层泡沫，产生这种泡沫的物质叫作茶皂素。茶皂素具有很强的水溶性和发泡性，遇水后浸出速率较快，如果再配上热水高冲引起茶叶的翻滚，就会在茶汤表面形成丰富泡沫。茶皂素具有消炎、镇痛的作用，是茶叶中重要的功能成分之一。

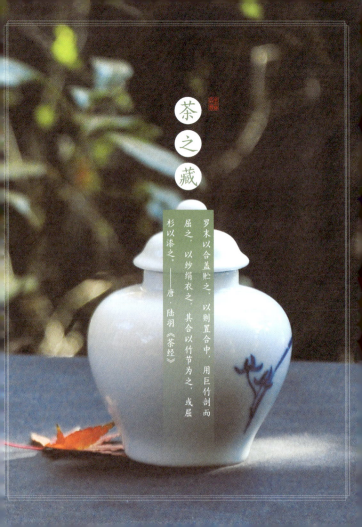

茶之藏

罗末以合盖贮之，以则置合中，用巨竹剖而屈之，以纱绢衣之，其合以竹节为之，或屈杉以漆之。——唐·陆羽《茶经》

96. 贮藏中茶叶品质变化主要受哪些因素的影响？

在贮藏过程中，茶叶中的茶多酚、氨基酸、脂类、维生素C、叶绿素等物质极易发生氧化和降解，从而导致茶叶色、香、味等感官品质变化，这种变化主要受茶叶含水量和环境温度、湿度、氧气、光线等因素的影响。茶叶水分含量越高、环境湿度越大、温度越高，茶叶品质改变也越大。在有氧和光线照射下会加速茶叶中多种品质成分的氧化反应，导致茶叶品质变化加快。另外，由于茶叶吸附性较强，极易吸收周围的异味，故贮存茶叶的环境最忌有异味。

97. 家庭如何贮存茶叶？

家庭贮存茶叶主要有三种方法：①容器干燥法。选用体积合适且密封性能好的铁箱、玻璃瓶、陶瓷缸等，底层放入一定量的石灰或硅胶干燥剂，然后将茶叶用牛皮纸包成小包放于干燥剂上，一段时间更换干燥剂；②小包装密闭干燥法。将茶叶装入密封性能好的塑料复合袋（如铝箔袋）中，加入少量干燥剂并封口装入铁罐或纸罐内；③冰箱冷藏法。利用低温保持茶叶品质的稳定既经济又有效。但由于茶叶极易吸附异味和水分，家用冰箱存茶特别要注意包装的阻隔性能，防止茶与其他食物串味。

98. 茶叶受潮后还能饮用吗？

主要根据受潮时间的长短和程度来确定茶叶是否可以饮

用。如受潮时间短、影响程度小，茶叶未变质，可立即采取干燥手段（如烘干、炒干等），去除多余水分，茶叶尚能饮用，但感官品质会有影响，如汤色变黄，香气转低。如受潮时间长、影响程度大，茶叶已经变质，甚至霉变，就不能饮用。

99. 不同的茶是否需要不同的存放环境？

不同的茶叶应根据茶叶自身的品质特点选择不同的存放环境。一般不发酵的绿茶和轻发酵的闽南乌龙茶、台湾乌龙茶等以冷藏为佳，品饮前取适量茶叶恢复到室温后即可冲饮；红茶、黄茶、重发酵或焙火的广东乌龙、闽北乌龙等可以采用阴凉、避光、密封、干燥的环境存放，冷藏更佳；白茶、黑茶等需后熟转化的茶叶，可采用棉纸包好后室温避光存放，同时环境湿度不可过高，否则茶叶容易霉变。

100. 茶叶品质易变的原因是什么？

茶叶在贮运和使用过程中，色、香、味品质极易受外界环境条件的影响而发生变化，甚至变质，主要有三大原因：①茶叶结构疏松多孔，具有强吸附性；②茶叶富含的茶多酚类物质极易氧化；③茶叶主要的色、香、味物质容易氧化降解。

101. 名优绿茶应如何贮藏？

名优绿茶贮藏过程中品质极易变化，对贮藏的要求较高。

名优绿茶在贮运和使用中主要涉及批量茶贮藏、零售茶叶贮藏和家庭消费贮藏等三个贮藏环节。①批量茶库房贮藏方法。批量茶一般多采用干燥、无异味的库房贮藏和专用冷藏库冷藏。保鲜库的温度一般为2～8℃，相对湿度应小于60%，在库内贮藏8～10个月，茶叶的品质可基本保持不变；②零售茶叶贮藏方法。零售小包装茶应采用阻隔性能好的铝箔复合材料等包装袋，以干燥剂去湿或除氧、抽气充氮等气调技术进行保鲜包装。有条件的也可采用小型冷藏柜冷藏零售茶叶，效果较好；③名优茶家庭贮存。因数量少，可将茶叶密封后用冰箱或冷柜贮藏，尽量避免和其他带有气味的食品同储。

102. 如何判断茶叶是否劣变？

茶叶品质劣变一般是指茶叶品质发生了较大的变化，并引起了明显的不正常品质问题。一般通过看颜色、闻香气和尝滋味来判断茶叶是否发生了明显的劣变。①看颜色。茶叶外观颜色发生较大的变化，如劣变的绿茶会由翠绿鲜润变黄变暗，红茶外观发暗，好像蒙了一层灰。②闻香气。劣变的茶叶香气浓郁度和纯正度均发生较大的变化，香气低淡，难以持久，甚至出现陈味、油耗味等不令人愉悦的气味。③尝滋味。劣变的茶叶滋味鲜爽度明显下降，滋味品质欠醇正。如劣变的绿茶会失去原有的清鲜，红茶可能会发酸等。

103. 如何识别陈茶与新茶？

陈茶一般指往年生产的茶叶。因贮放时间长，茶叶中的内含物经过长时间的氧化，色香味形等品质均出现较大变化，与当年的新茶存在明显差异。绿茶新茶色泽绿润，有光泽，香高味醇，汤色清明；而陈茶的色泽泛黄，失去新茶固有的新鲜感，香气低，甚至出现陈气，滋味淡、汤色泛黄。红茶新茶色泽乌润，香高味醇，汤色红艳明亮，叶底红亮；陈茶色泽枯暗不润，香气低或有陈气，滋味淡、汤色暗浊，叶底红暗不开展等。

104. 不同茶类的最佳饮用时间是多久？

不同的茶叶有不同的最佳饮用时间。不发酵的绿茶和轻发酵的闽南乌龙茶、台湾乌龙茶等一般建议当年饮用；红茶、黄茶、重发酵或焙火的广东乌龙、闽北乌龙等建议在2～3年饮用完毕；白茶、黑茶一般需后熟转化的茶叶经过存放能明显提升和改善茶叶品质，建议存放后再行品饮。以普洱茶为例，在适宜的贮藏条件下，一般普洱茶生茶储存15～20年，普洱茶熟茶储存5～8年，品饮口感较好。存茶时间也非越长越好，过长时间的存放，茶叶中的风味物质散失，反而显得平淡，如故宫中的清代贡茶，经过近两百年的存放，香、味俱淡。

105. 普洱茶如何储藏？

普洱茶在存放应注意含氧量、温度、光线、湿度等因素